Ekaterina Samigulina

Modificação de todos os tipos de misturas de combustível

Ekaterina Samigulina

Modificação de todos os tipos de misturas de combustível

Projectos integrados de inovação como consequência da aplicação de controlo e monitorização à distância

ScienciaScripts

Imprint

Cover image: www.ingimage.com

This book is a translation from the original published under ISBN 978-620-8-17026-4.

Publisher:
Sciencia Scripts
is a trademark of
Dodo Books Indian Ocean Ltd. and OmniScriptum S.R.L publishing group

120 High Road, East Finchley, London, N2 9ED, United Kingdom
Str. Armeneasca 28/1, office 1, Chisinau MD-2012, Republic of Moldova, Europe
Printed at: see last page
ISBN: 978-620-8-22656-5

Ekaterina Samigulina

Modificação de todos os tipos de misturas de combustível

Projectos integrados de inovação em consequência de aplicações de controlo e monitorização à distância

Palavras-chave:

Homogeneização dinâmica, Modificação complexa de todos os combustíveis, Vantagens de conceção, Formação de emulsões no fluxo dos seus componentes, Canais radiais, Homogeneização por turbulência, Canais cónicos coaxiais em forma de anel, Sistema de recirculação dos gases de escape, Efeito Bernoulli, Gama de possibilidades tecnológicas.

Anotação

Como demonstram as estatísticas dos projectos de inovação, a componente algorítmica, que inclui a logística de todo o processo de inovação, desde a formulação e síntese de uma ideia inovadora até ao processo de integração em estruturas produtivas e comerciais específicas, tem um impacto crescente no valor comercial e na eficiência destes projectos.

A definição do objetivo, a escolha dos critérios de avaliação e a natureza das vias para alcançar os resultados pretendidos determinam frequentemente o êxito ou o fracasso do processo de execução.

Uma vez que o autor tem experiência e desenvolvimentos tecnológicos e comerciais nas tecnologias mais procuradas atualmente de modificação de misturas de combustíveis, propõe como exemplo considerar a algoritmização deste grupo de projectos inovadores, que são a fase final depois de passadas as etapas multifuncionais de transporte e entrega, em que, por norma, se inclui a monitorização remota do sistema, inclusive combinada com os processos de fotografia aérea ou com a utilização de drones.

ÍNDICE DE CONTEÚDOS

INTRODUÇÃO

Foi criada uma tecnologia original, repetidamente testada, para a modificação complexa de todos os tipos de misturas de combustível.

Os benefícios básicos da tecnologia.

Vantagens de conceção do dispositivo para a formação dinâmica de emulsão no fluxo dos seus componentes. O dispositivo para a formação dinâmica de emulsão no fluxo dos seus componentes tem dimensões gerais mínimas e uma forma geométrica simples na forma de um cilindro regular (por exemplo, o dispositivo com uma capacidade de 50 galões de emulsão por hora tem um diâmetro de apenas 37 milímetros com um comprimento total de apenas 150 milímetros).

A unidade pode ser construída em qualquer fator de escala.

O dispositivo tem uma variante micro (diâmetro 14 milímetros, comprimento 60 milímetros).

O dispositivo pode ter pelo menos oito versões diferentes com as mesmas dimensões gerais, alterando a conceção e as dimensões das suas peças e componentes (por exemplo, presença ou ausência de gerador de vórtice).

Vantagens operacionais e de instalação do dispositivo.

O dispositivo para a formação dinâmica de emulsões no fluxo dos seus componentes pode funcionar em qualquer esquema de controlo e monitorização, incluindo a utilização de espetroscopia de ressonância electromagnética para controlo e medição.

O dispositivo para a formação dinâmica de emulsões no fluxo dos seus componentes não tem partes móveis, o que facilita muito o controlo e a monitorização em modo totalmente automático. O dispositivo para a formação de emulsões dinâmicas no fluxo dos seus componentes pode ser facilmente integrado no sistema de combustível de um motor de combustão interna sem exigir qualquer modernização do sistema de combustível. sistema do motor, incluindo os motores rotativos que realizam o ciclo termodinâmico de Otto.

Propriedades e caraterísticas únicas da tecnologia:

- a emulsão é formada no fluxo turbulento desenvolvido de componentes devido à combinação calculada de efeitos hidrodinâmicos, sem ação mecânica e sem a utilização de quaisquer agentes químicos activadores ou estabilizadores .

- o tempo de formação da emulsão não excede 1 segundo;

- A emulsão é formada no fluxo turbulento desenvolvido do componente de base da emulsão, que é normalmente dividido em duas partes (por exemplo, 60% e 40% do peso total do líquido nos fluxos);

- A segunda parte do fluxo do componente principal da emulsão de base é introduzida no dispositivo por meio de uma entrada integradora que inclui pelo menos três canais radiais;

- durante a formação da emulsão, ocorre a homogeneização do fluxo por nível de turbulência;

- Os canais coaxiais em forma de anel cónico são utilizados para homogeneizar o fluxo do componente de base da emulsão, cuja espessura não excede 100 microns;

- Uma primeira porção do fluxo do componente principal da emulsão de base é introduzida no canal anular cónico exterior (abrangente) do dispositivo;

- a segunda parte do fluxo do componente principal da emulsão de base é introduzida no canal anular cónico interior (englobado) do dispositivo;

- Regra geral, a espessura do fluxo no canal envolvente (exterior) é pelo menos duas ou mais vezes superior à do canal envolvente (interior);

- à saída de cada um dos canais anulares cónicos coaxiais, forma-se um tipo de efeito Bernoulli em combinação com a cavitação e o correspondente efeito hidrodinâmico e com a saturação local das descontinuidades resultantes do processo de cavitação nos fluxos com eletricidade estática;

- a água, como componente da emulsão, é injectada no local, onde, sob a influência dos efeitos de Bernoulli, se forma uma zona de pressão reduzida e os fluxos dos canais externos e internos se cruzam;

- a conceção do dispositivo permite a introdução simultânea de até oito componentes diferentes na emulsão a ser formada;

- A fase de homogeneização de acordo com o nível de turbulência, se necessário, pode ser completada pela formação de um tubo de vórtice seguido de uma diminuição acentuada da área da secção transversal do canal através do qual a emulsão é descarregada do dispositivo para a segunda fase de homogeneização, que é efectuada a alta pressão (mais de 2000 bar);

- Regra geral, a pressão nos fluxos do componente de base principal da emulsão é a mesma e deve ser de, pelo menos, 3 bar;

- Em alternativa, a emulsão no dispositivo pode ser sujeita a saturação pressurizada com um gás, incluindo um gás oxidante, como o ar ou o oxigénio;

- Em regra, o processo de formação da emulsão é controlado através da alteração da pressão nos fluxos dos componentes da emulsão;

- o dispositivo para a formação dinâmica de emulsões não tem partes móveis e é composto apenas por 7 peças originais;

- O dispositivo pode ser adaptado para formar dinamicamente uma microemulsão sem a necessidade de submeter a emulsão a uma pressão elevada;

- O dispositivo pode ser adaptado para formar dinamicamente uma emulsão à escala nanométrica, submetendo a microemulsão a uma pressão elevada de curta duração (mais de 2000 bar);

-o dispositivo para a preparação dinâmica de emulsões pode ter os seguintes modelos;

- dispositivo para a preparação estacionária de microemulsões;

- dispositivo para a preparação estacionária de emulsões à escala nanométrica

- um dispositivo para preparar a emulsão num veículo com injeção direta na câmara de combustão;

- Um dispositivo para preparar uma emulsão à micro e à nanoescala com um bocal de tipo aberto na saída;

- Um dispositivo para preparar uma emulsão à micro e à nanoescala com um bocal de tipo fechado na saída;

- o dispositivo de preparação da emulsão no veículo pode ser operado com um sistema de recirculação dos gases de escape.

A velocidade linear dos componentes da emulsão líquida no dispositivo depende diretamente da viscosidade dos componentes da emulsão líquida e da pressão (para valores iguais das dimensões geométricas dos canais do dispositivo); para cada valor de viscosidade e pressão, existem valores-limite de espessura do fluxo em todos os canais do dispositivo, com dimensões constantes dos canais, para aumentar a velocidade linear é necessário aumentar a pressão; para cada valor de viscosidade dos componentes da emulsão líquida, existe um tamanho mínimo da espessura do fluxo, para o qual o aumento da pressão não aumenta a velocidade de movimento. O dispositivo de ativação dinâmica de misturas de combustíveis tem uma vasta gama de possibilidades tecnológicas.O dispositivo, com as mesmas dimensões dos elementos de acionamento, pode ter, para diferentes variantes do produto final, diferentes capacidades. Para a variante de utilização do dispositivo para a produção de emulsões compressíveis de meios hidrodinâmicos activos (gaseificadas com gás comprimido), o material principal para a formação da emulsão, - por exemplo, gasóleo, é introduzido no dispositivo apenas numa entrada e, nesta base, a capacidade do componente líquido da emulsão neste caso será mínima, por exemplo, 10 galões por hora.Nas variantes do dispositivo para a produção de emulsões clássicas incompressíveis, como água em óleo, o material básico para a formação da emulsão, por exemplo, gasóleo, é introduzido no dispositivo por meio de duas entradas, - uma central localizada ao longo do eixo longitudinal do dispositivo, através da qual 60% do gasóleo é introduzido, destinado a encher o canal de dispersão cónico externo do dispositivo com uma distância entre as formações das superfícies cónicas do canal em, por exemplo, - 100 mícrons e o segundo - adicional.

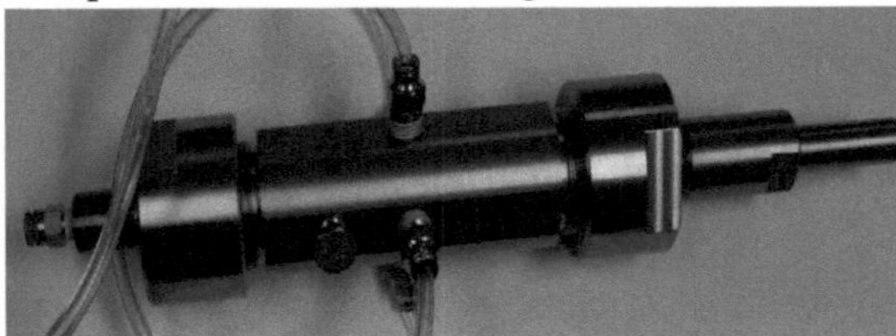

Figura 1-01, - dispositivo de homogeneização, variante de projeto.

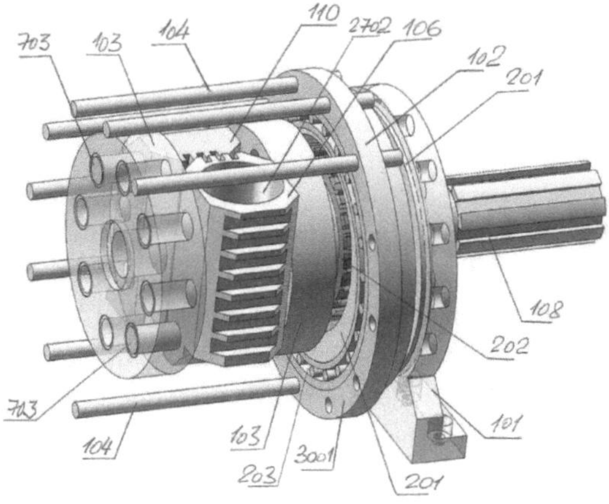

Figura 1 , - a figura mostra um modelo tridimensional de um motor rotativo, que realiza o ciclo termodinâmico de Otto, enquanto o grupo de pistões do motor e o mecanismo da manivela não diferem dos normais.

Os números na figura indicam:

101 - coluna de suporte do motor com rolamento de apoio posicionado excentricamente;

102 - flange do rotor excêntrica em relação ao eixo de rotação;

103 - flanges de ligação do grupo de rotores;

104 - eixos do rotor excêntrico diretamente ligados cinemáticamente a mecanismos de biela-manivela;

106 - Cilindro;

108 - veio de saída;

110 é uma caixa cilíndrica adjacente à caixa 106;

201 - ranhura excêntrica;

202 - rolamento;

203 - rolamento;

703 - eixos de ligação e de bloqueio; 2702 - cavidade do cilindro; 3001 - anel exterior da chumaceira 203.

APLICAÇÃO POTENCIAL DO PROCESSO DE HOMOGENEIZAÇÃO DINÂMICA EM SISTEMAS DE PROPULSÃO DE AERONAVES

Tendo em conta os recentes relatórios sobre a aplicação experimental de combustíveis biológicos ou misturas de combustíveis em motores de aeronaves e sabendo que as misturas de combustíveis que contêm componentes biológicos têm a propriedade de formar coágulos, a homogeneização dinâmica desses combustíveis antes da injeção na câmara de combustão pode aumentar significativamente a fiabilidade desses motores e abrir caminho à aplicação de composições de combustíveis em motores de aeronaves;

APLICAÇÃO DO PROCESSO DE HOMOGENEIZAÇÃO DINÂMICA NO ABASTECIMENTO DE COMBUSTÍVEL AOS QUEIMADORES DE CALDEIRAS, TURBINAS E OUTROS DISPOSITIVOS TERMODINÂMICOS

Uma vez que nos sistemas termodinâmicos acima referidos são utilizados como combustíveis gasóleo mais pesado e diferentes tipos de fuelóleo, a formação de coágulos a partir de fracções mais pesadas com elevada viscosidade é mais intensa nesses combustíveis. Se for introduzido um dispositivo de homogeneização dinâmica no sistema de abastecimento de combustível e de injeção da câmara de combustão, em determinadas circunstâncias formam-se coágulos nos depósitos de combustível e a fração principal de hidrocarbonetos da mistura de combustível é misturada dinamicamente no dispositivo com outras fracções de hidrocarbonetos, transformando os coágulos da mistura em partículas micro ou nanométricas.

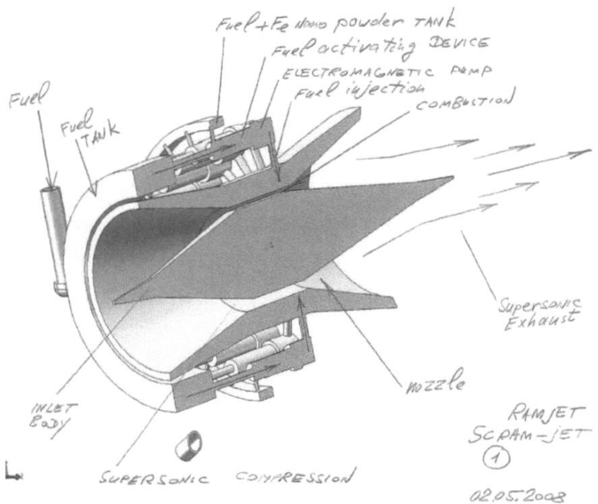

Figura 01: - modelo tridimensional da instalação de um sistema de homogeneização dinâmica num motor de combustão interna de uma nova aeronave em fase de fabrico.

Também um modelo tridimensional da instalação de um sistema de homogeneização dinâmica num motor de combustão interna retro de uma aeronave.

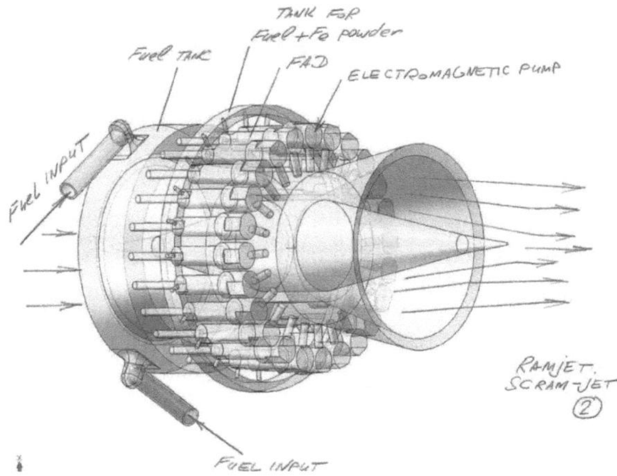

Figura 02: -também a instalação de um sistema de homogeneização dinâmica num novo motor de combustão interna de avião em fase de fabrico.

A instalação de um sistema de homogeneização dinâmica num motor de combustão interna de uma aeronave recentemente fabricada não requer quaisquer novos elementos no projeto do motor.

É introduzido um sistema na linha de combustível após a bomba de combustível, cuja saída é ligada à entrada da bomba de alta pressão ou, na ausência desta, à entrada do elemento estrutural que se segue à bomba de combustível. Também Instalação de um sistema de homogeneização dinâmica num motor de combustão interna retro de uma aeronave.

A instalação do sistema de homogeneização dinâmica num motor de combustão interna de uma aeronave em reparação ou modificação não requer quaisquer novos elementos na estrutura do motor.

Na linha de combustível, após a bomba de combustível, é introduzido um sistema cuja saída é ligada à entrada da bomba de alta pressão ou, na ausência desta, à entrada do elemento estrutural que se segue à bomba de combustível.

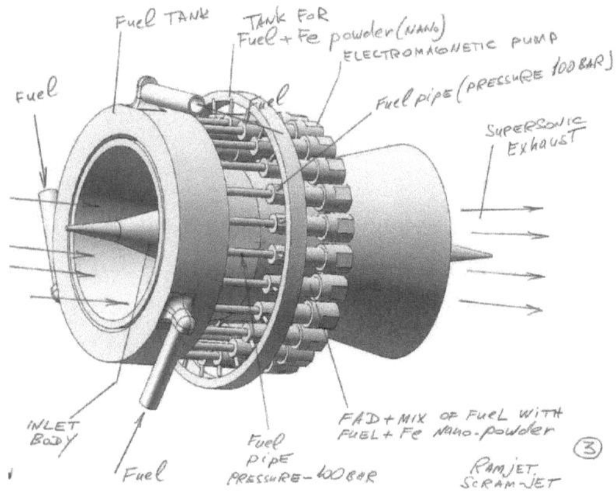

Figura 03: - também um modelo tridimensional da instalação de um sistema de homogeneização dinâmica num novo motor de combustão interna de uma aeronave em fase de fabrico.

Também um modelo tridimensional da instalação de um sistema de homogeneização dinâmica num motor de combustão interna retro de uma aeronave.

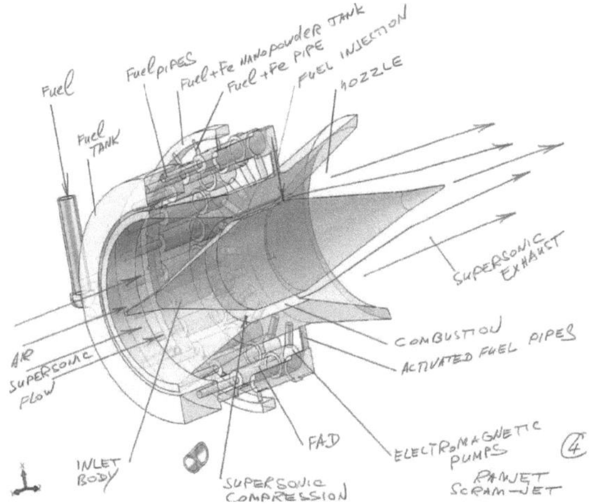

Figura 04: - também um modelo tridimensional da instalação de um sistema de homogeneização dinâmica num novo motor de combustão interna de uma aeronave em fase de fabrico.

Também um modelo tridimensional da instalação de um sistema de homogeneização dinâmica num motor de combustão interna retro de uma aeronave.

A instalação de um sistema de homogeneização dinâmica num motor de combustão interna de uma aeronave em reparação ou modificação não requer a introdução de novos elementos na estrutura do motor. É introduzido um sistema na linha de combustível após a bomba de combustível, cuja saída é ligada à entrada da bomba de alta pressão ou, na ausência desta, à entrada do elemento estrutural que se segue à bomba de combustível.

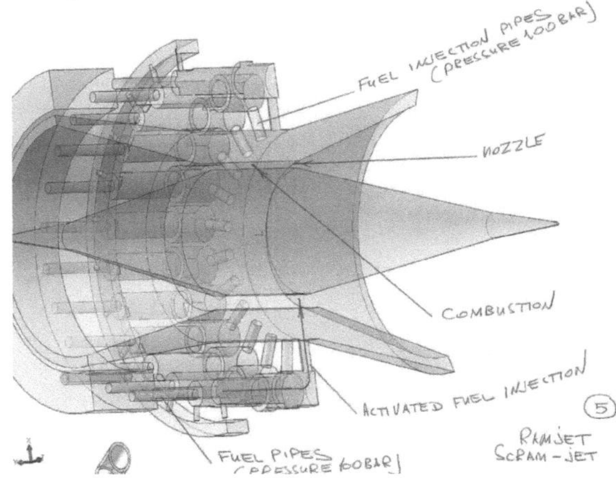

Figura 05: - também um modelo tridimensional da instalação do sistema de homogeneização dinâmica num motor de combustão interna de uma nova aeronave em fase de fabrico.

Também um modelo tridimensional da Instalação de um sistema de homogeneização dinâmica num motor de combustão interna retro de uma aeronave. A instalação de um sistema de homogeneização dinâmica num motor de combustão interna de uma aeronave em reparação ou modificação não requer quaisquer novos elementos na estrutura do motor.

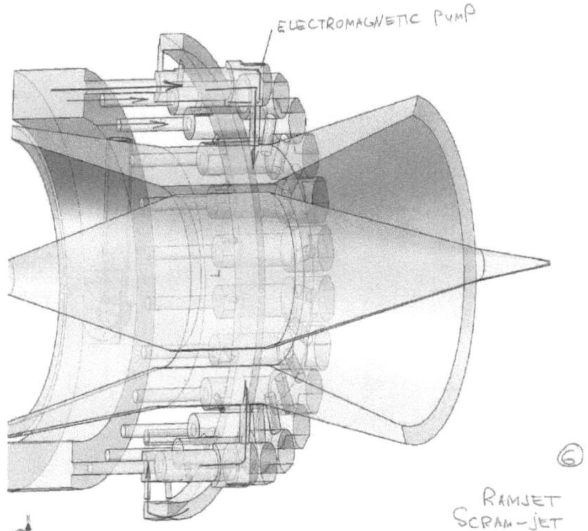

Figura 06: - também um modelo tridimensional da instalação de um sistema de homogeneização dinâmica num novo motor de combustão interna de uma aeronave em fase de fabrico.

Também um modelo tridimensional da Instalação de um sistema de homogeneização dinâmica num motor de combustão interna retro de uma aeronave. A instalação de um sistema de homogeneização dinâmica num motor de combustão interna de uma aeronave em reparação ou modificação não requer quaisquer novos elementos na estrutura do motor.

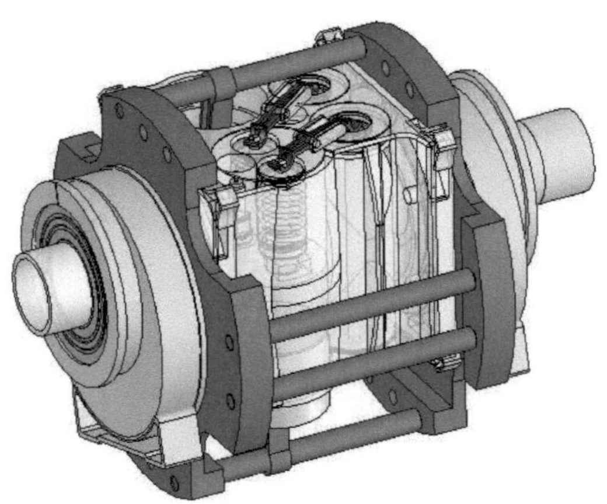

Figura 07: - a figura mostra um modelo tridimensional de um motor rotativo que implementa o ciclo termodinâmico de Otto, sendo que tanto o grupo de pistões do motor como o mecanismo da manivela não diferem dos normais.

A variante de projeto e o conceito de disposição propostos permitem realizar o ciclo termodinâmico Otto no motor rotativo e excluir as desvantagens dos motores rotativos, que impedem a sua distribuição nos modelos de veículos de pequenas dimensões.

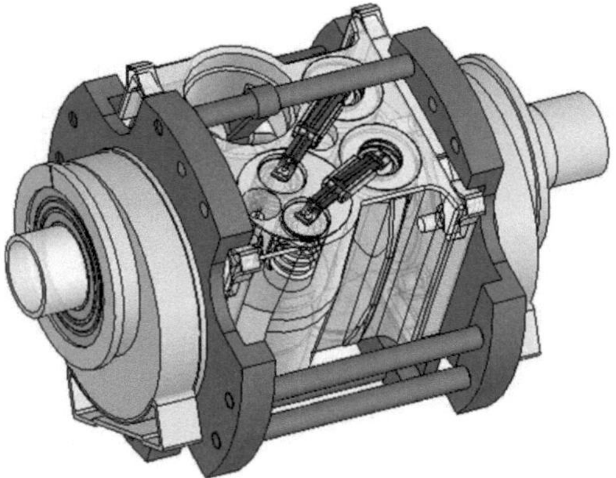

Figura 08: - a figura mostra também um modelo tridimensional de um motor rotativo que realiza o ciclo termodinâmico de Otto, enquanto que tanto o grupo de pistões do motor como o mecanismo da manivela não diferem dos normais.

A variante de projeto e o conceito de disposição propostos permitem realizar o ciclo termodinâmico Otto no motor rotativo e excluir as desvantagens dos motores rotativos, que impedem a sua distribuição nos modelos de veículos de pequenas dimensões.

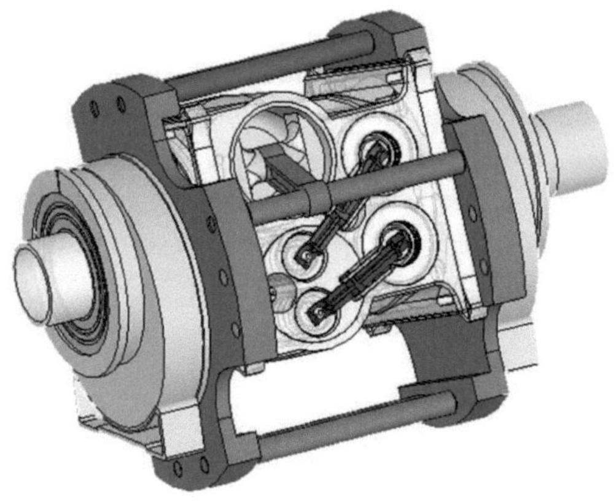

Figura 09: - a figura mostra também um modelo tridimensional de um motor rotativo que realiza o ciclo termodinâmico de Otto, enquanto que tanto o grupo de pistões do motor como o mecanismo da manivela não diferem dos normais.

Como demonstram as estatísticas dos projectos de inovação, a componente algorítmica, incluindo a logística de todo o processo de inovação, desde a formulação e síntese de uma ideia inovadora até ao processo de integração em estruturas de produção e comerciais específicas, tem um impacto crescente no valor comercial e na eficiência destes projectos. A definição do objetivo, a escolha dos critérios de avaliação e a natureza dos percursos para alcançar os resultados pretendidos determinam frequentemente o sucesso ou o fracasso do processo de implementação. Dado que o autor tem experiência e desenvolvimentos tecnológicos e comerciais nas tecnologias de modificação de misturas de combustíveis mais procuradas atualmente, propõe como exemplo a algoritmização deste grupo de projectos inovadores, que constituem a fase final após as fases multifuncionais de transporte e entrega, incluindo normalmente a monitorização remota sistémica, incluindo as combinadas com fotografia aérea ou utilizando veículos aéreos não tripulados. Atualmente, de acordo com a informação que se pode obter de fontes públicas, existe uma tendência para modificar e modernizar os motores de combustão interna em áreas relacionadas com a melhoria dos sistemas de controlo automático do processo de alimentação e combustão de combustível; Nos estudos relacionados com a utilização de combustíveis alternativos, como o etanol ou o metanol, surge claramente o problema associado à mistura de etanol, metanol e gasolina ou etanol, metanol e gasóleo. Um problema com mais de um século relacionado com o sistema mecânico adotado de conversão de movimento linear em movimento rotativo não é considerado ou é considerado em aspectos localizados não essenciais para a solução do problema como um todo, e são os problemas mecânicos que consomem 50% da eficiência de qualquer motor de combustão interna.

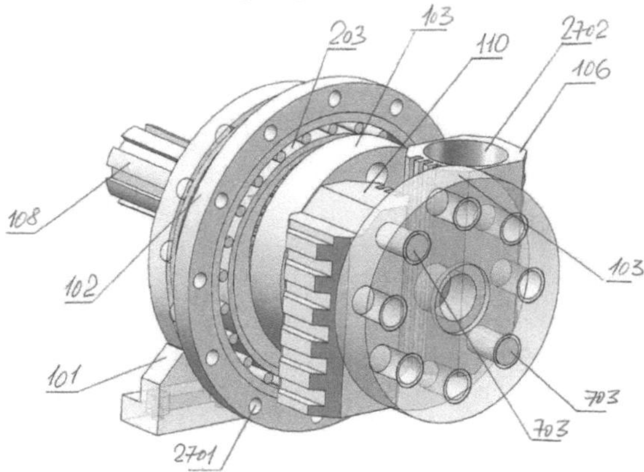

Figura 010: - a figura mostra também um modelo tridimensional de um fragmento de um motor rotativo que realiza o ciclo termodinâmico de Otto, enquanto que tanto o grupo de pistões do motor como o mecanismo da manivela não diferem dos normais.

A variante de projeto e o conceito de disposição propostos permitem realizar o ciclo termodinâmico Otto no motor rotativo e excluir as desvantagens dos motores rotativos, que impedem a sua distribuição nos modelos de veículos de pequenas dimensões.

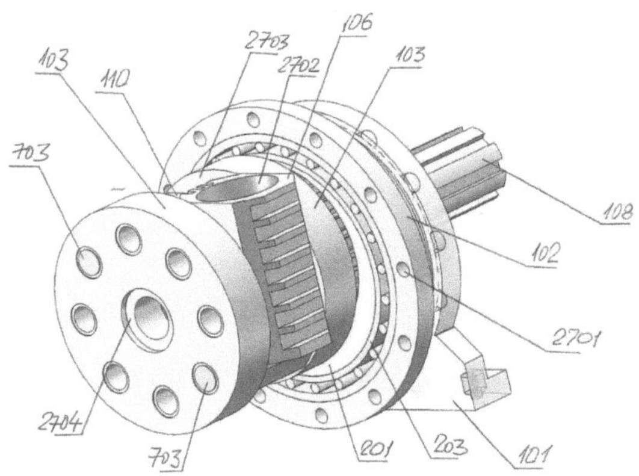

Figura 011: - a figura mostra também um modelo tridimensional de um fragmento de um motor rotativo que realiza o ciclo termodinâmico de Otto, enquanto que tanto o grupo de pistões do motor como o mecanismo da manivela não diferem dos normais.

A variante de projeto e o conceito de disposição propostos permitem realizar o ciclo termodinâmico Otto no motor rotativo e excluir as desvantagens dos motores rotativos, que impedem a sua distribuição nos modelos de veículos de pequenas dimensões.

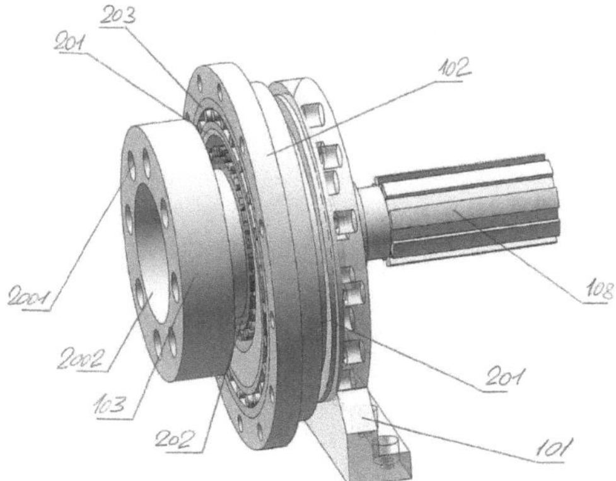

Figura 012: - a figura mostra também um modelo tridimensional de um fragmento de um motor rotativo que realiza o ciclo termodinâmico de Otto, enquanto que tanto o grupo de pistões do motor como o mecanismo da manivela não diferem dos normais.

A variante de projeto e o conceito de disposição propostos permitem realizar o ciclo termodinâmico Otto no motor rotativo e excluir as desvantagens dos motores rotativos, que impedem a sua distribuição nos modelos de veículos de pequenas dimensões.

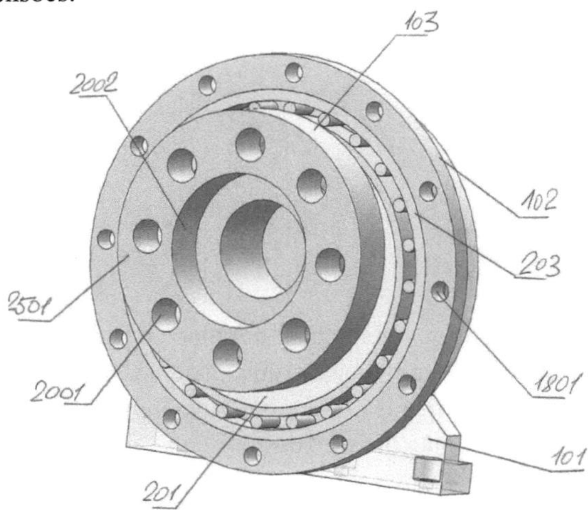

Figura 013: - A figura mostra também um modelo tridimensional de um fragmento de um motor rotativo que implementa o ciclo termodinâmico de Otto, enquanto que tanto o grupo de pistões do motor como o mecanismo da manivela não diferem dos normais.

A variante de projeto e o conceito de disposição propostos permitem realizar o ciclo termodinâmico Otto no motor rotativo e excluir as desvantagens dos motores rotativos, que impedem a sua distribuição nos modelos de veículos de pequenas dimensões.

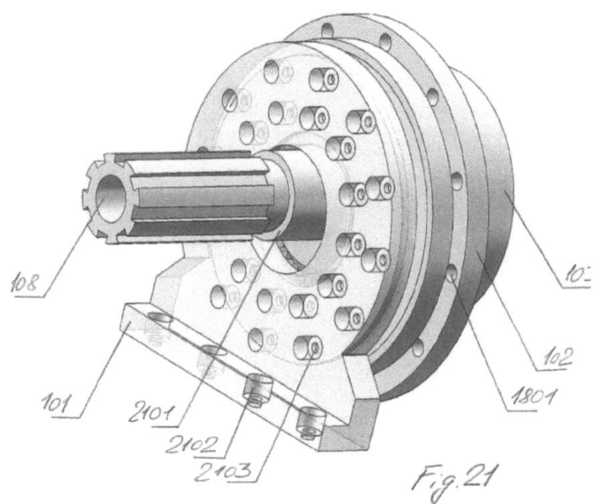

Figura 014: - A figura mostra também um modelo tridimensional de um fragmento de um motor rotativo que realiza o ciclo termodinâmico de Otto, enquanto o grupo de pistões do motor e o mecanismo da manivela não diferem dos normais;

A variante de projeto e o conceito de disposição propostos permitem realizar o ciclo termodinâmico Otto no motor rotativo e excluir as desvantagens dos motores rotativos, que impedem a sua distribuição nos modelos de veículos de pequenas dimensões;

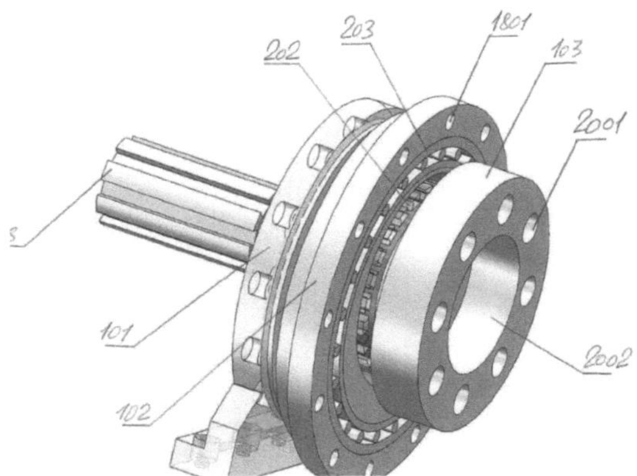

Figura 015: - a figura mostra também um modelo tridimensional de um fragmento de um motor rotativo que realiza o ciclo termodinâmico de Otto, enquanto que tanto o grupo de pistões do motor como o mecanismo da manivela não diferem dos normais.

A variante de projeto e o conceito de disposição propostos permitem realizar o ciclo termodinâmico Otto no motor rotativo e excluir as desvantagens dos motores rotativos, que impedem a sua distribuição nos modelos de veículos de pequenas dimensões.

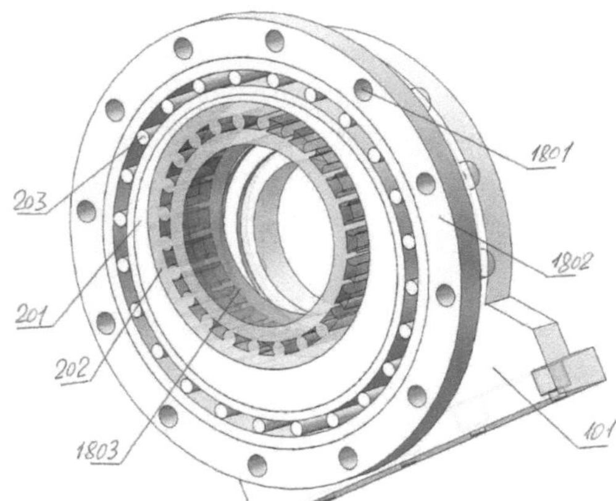

Figura 016: - a figura mostra também um modelo tridimensional de um fragmento de um motor rotativo que realiza o ciclo termodinâmico de Otto, enquanto que tanto o grupo de pistões do motor como o mecanismo da manivela não diferem dos normais.

A variante de projeto e o conceito de disposição propostos permitem realizar o ciclo termodinâmico Otto no motor rotativo e excluir as desvantagens dos motores rotativos, que impedem a sua distribuição nos modelos de veículos de pequenas dimensões.

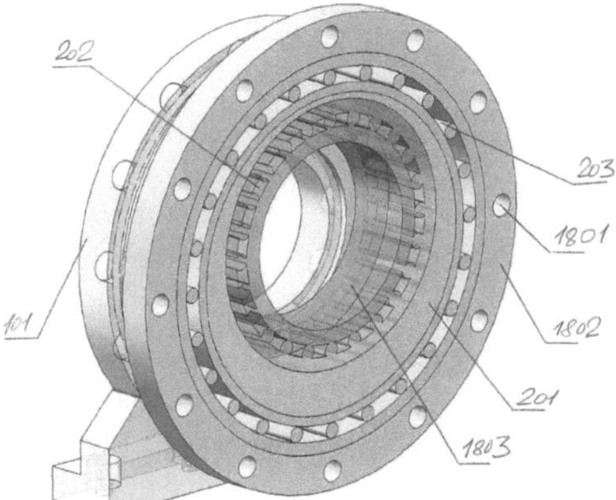

Figura 017: - a figura mostra também um modelo tridimensional de um fragmento de um motor rotativo que realiza o ciclo termodinâmico de Otto, enquanto que tanto o grupo de pistões do motor como o mecanismo da manivela não diferem dos normais.

A variante de projeto e o conceito de disposição propostos permitem realizar o ciclo termodinâmico Otto no motor rotativo e excluir as desvantagens dos motores rotativos, que impedem a sua distribuição nos modelos de veículos de pequenas dimensões.

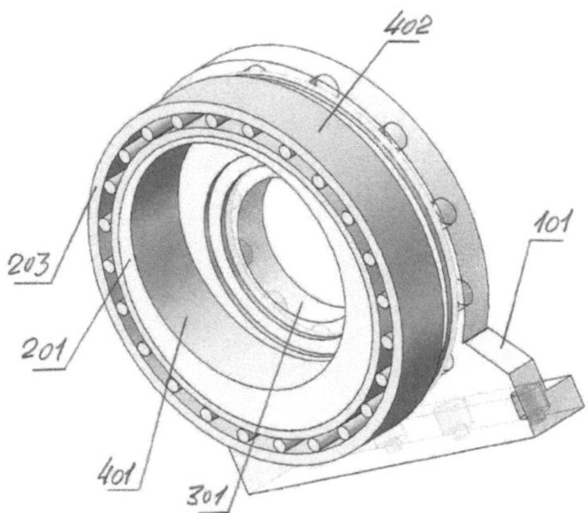

Figura 018: - a figura mostra também um modelo tridimensional de um fragmento de um motor rotativo que realiza o ciclo termodinâmico de Otto, enquanto que tanto o grupo de pistões do motor como o mecanismo da manivela não diferem dos normais.

A variante de projeto e o conceito de disposição propostos permitem realizar o ciclo termodinâmico Otto no motor rotativo e excluir as desvantagens dos motores rotativos, que impedem a sua distribuição nos modelos de veículos de pequenas dimensões.

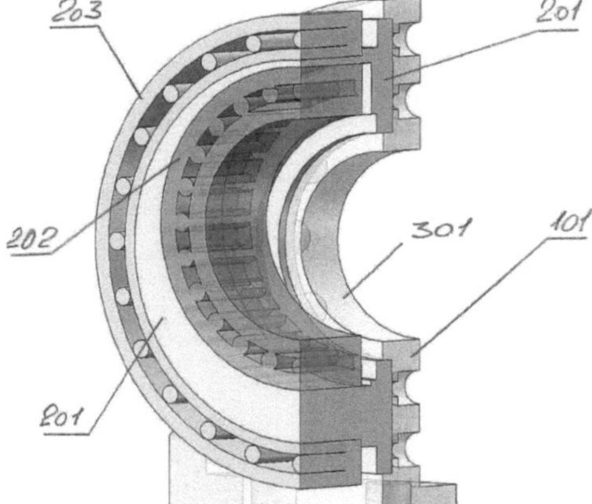

Figura 019: - a figura mostra também um modelo tridimensional de um fragmento de um motor rotativo que realiza o ciclo termodinâmico de Otto, enquanto que tanto o grupo de pistões do motor como o mecanismo da manivela não diferem dos normais.

A variante de projeto e o conceito de disposição propostos permitem realizar o ciclo termodinâmico Otto no motor rotativo e excluir as desvantagens dos motores rotativos, que impedem a sua distribuição nos modelos de veículos de pequenas dimensões.

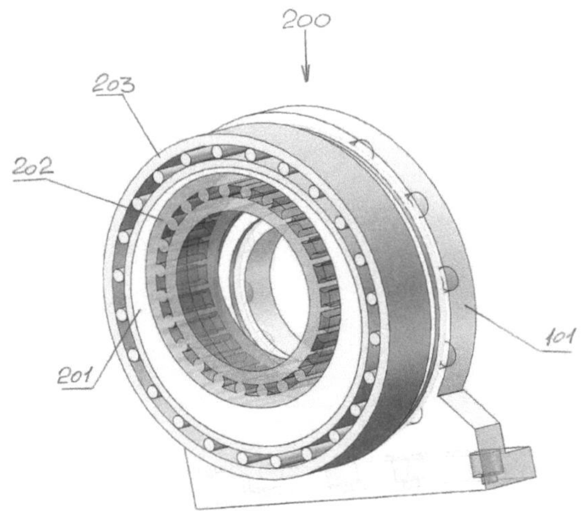

Figura 020: - a figura mostra também um modelo tridimensional de um fragmento de um motor rotativo que realiza o ciclo termodinâmico de Otto, enquanto que tanto o grupo de pistões do motor como o mecanismo da manivela não diferem dos normais.

A variante de projeto e o conceito de disposição propostos permitem realizar o ciclo termodinâmico Otto no motor rotativo e excluir as desvantagens dos motores rotativos, que impedem a sua distribuição nos modelos de veículos de pequenas dimensões.

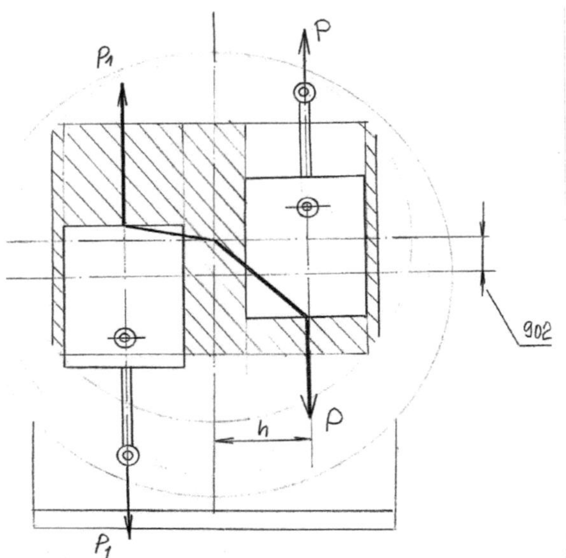

Figura 021: - a figura também mostra o diagrama do circuito e o modelo tridimensional de um fragmento de um motor rotativo, que implementa o ciclo termodinâmico de Otto, enquanto o grupo de pistões do motor e o mecanismo da manivela não diferem do padrão.

A variante de projeto e o conceito de disposição propostos permitem realizar o ciclo termodinâmico Otto no motor rotativo e excluir as desvantagens dos motores rotativos, que impedem a sua distribuição nos modelos de veículos de pequenas dimensões.

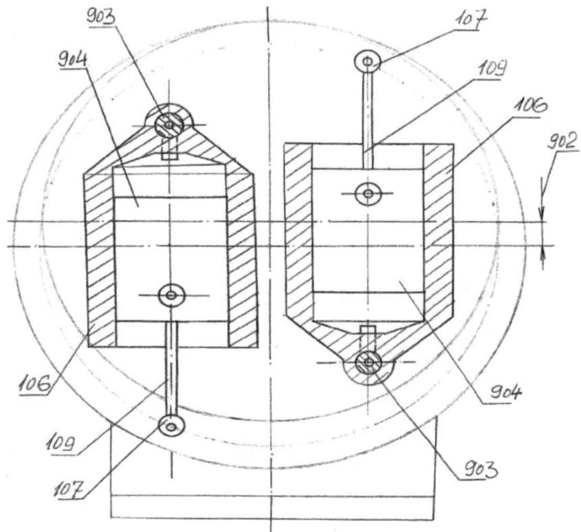

Figura 022: - a figura mostra também o diagrama do circuito e o modelo tridimensional de um fragmento de um motor rotativo, que realiza o ciclo termodinâmico de Otto, enquanto que tanto o grupo de pistões do motor como o mecanismo da manivela não diferem dos normais.

A variante de projeto e o conceito de disposição propostos permitem realizar o ciclo termodinâmico Otto no motor rotativo e excluir as desvantagens dos motores rotativos, que impedem a sua distribuição nos modelos de veículos de pequenas dimensões.

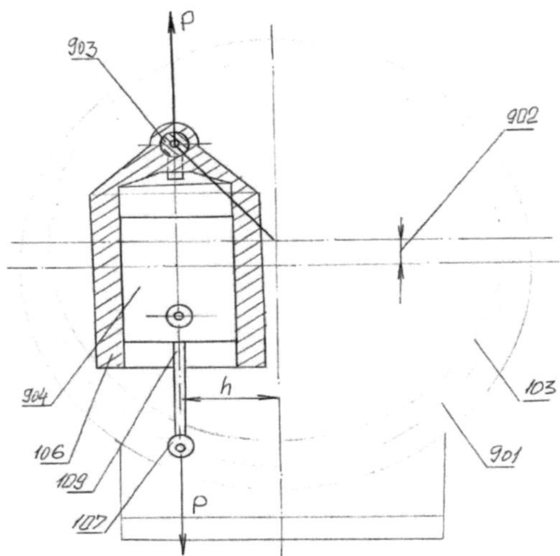

Figura 023: - a figura mostra também o diagrama do circuito e o modelo tridimensional de um fragmento de um motor rotativo, que realiza o ciclo termodinâmico de Otto, enquanto que tanto o grupo de pistões do motor como o mecanismo da manivela não diferem dos normais.

A variante de design e o conceito de layout propostos permitem realizar o ciclo termodinâmico Otto no motor rotativo e excluir as desvantagens dos motores rotativos, que impedem a sua distribuição nos modelos de veículos de pequena dimensão. Os desenvolvimentos do autor incluem pedidos registados de invenções que abordam o conjunto de problemas acima descritos. O problema da mistura de etanol e gasolina nas bombas de gasolina é completamente resolvido pela invenção, que tem um protótipo feito para bater manteiga, mas o mesmo protótipo e os princípios básicos do seu funcionamento podem ser usados para apresentar a ideia e resolver o problema de misturar e transformar a mistura numa emulsão estável, quando se misturam componentes de combustíveis, tais como gasóleo e vários tipos de álcool técnico, incluindo glicerina; etanol e gasolina e muitos outros, incluindo os de origem inorgânica. Para além de todos os sistemas e métodos dos vários sistemas de controlo automático conhecidos da literatura, o autor propõe um sistema de controlo sem contacto do estado real da mistura de combustível, incluindo o seu nível de saturação com o ar e o nível e natureza da formação de espuma da mistura de combustível antes de ser injectada ou alimentada a uma bomba de combustível de alta pressão, como acontece nos motores diesel; o pedido de invenção foi apresentado no ano passado. Ao mesmo tempo, o autor observa que uma das condições mais importantes para o sucesso da aplicação comercial destas inovações são as condições que permitem a utilização dos mais sofisticados métodos de controlo e monitorização remotos para controlo e monitorização em linha, combinados com processos de fotografia aérea ou controlo ou monitorização por veículos aéreos não tripulados. O autor colabora com um grupo criativo que propôs uma solução para problemas mecânicos em todos os tipos de motores de combustão interna, modificando o design do mecanismo de conversão do movimento linear em rotativo, sem qualquer alteração no sistema de combustível do motor de combustão interna; o pedido de invenção foi apresentado em abril último.

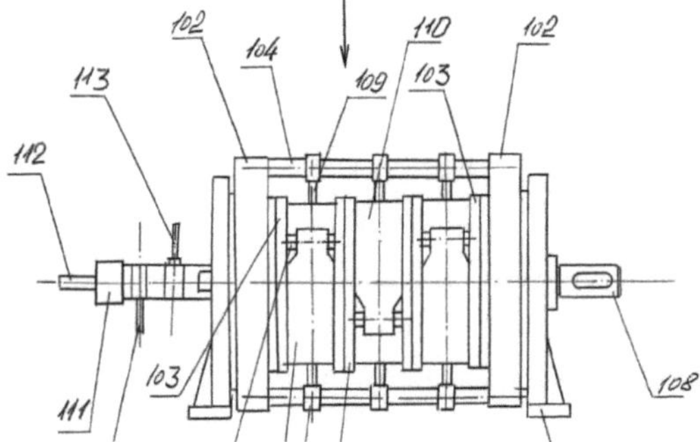

Figura, motor rotativo de combustão interna com sistema integrado de homogeneização do combustível ou da mistura de combustível.

Os números na figura indicam:

102- flanges do rotor parte da cinemática do motor

103- secções para montagem de cilindros de motor

104- eixos para a saída de manivelas - mecanismos de ligação dos cilindros do motor

108- veio de saída do motor

109- bielas de manivela - mecanismos de biela do motor

110- cilindros do motor

111- dispositivo para homogeneização em linha de misturas de combustíveis ou monocombustíveis

112- introdução de combustível ou mistura de combustível no dispositivo de homogeneização em linha de misturas de combustível ou monocombustível

113 - entradas radiais de ar ou de componentes de misturas de combustível ou de componentes de emulsões de combustível no dispositivo de homogeneização em linha de misturas de combustível ou de monocombustíveis

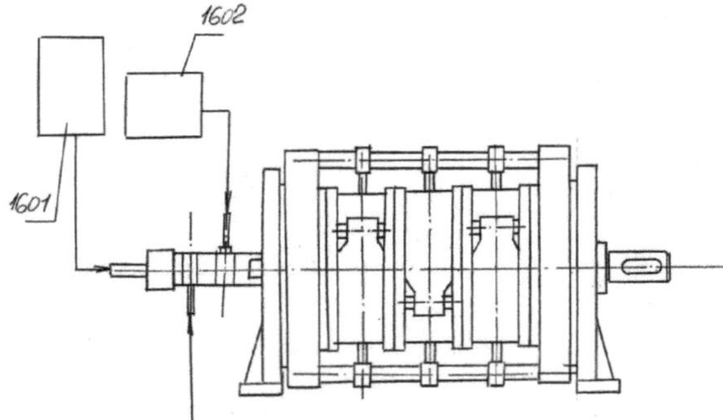

Figura 3 - Motor de combustão interna rotativo com sistema integrado de homogeneização do combustível ou da mistura de combustível, mostrando a interação funcional com o depósito de combustível líquido e com o depósito de componentes do combustível ou com o compressor de ar comprimido.

Os números na figura indicam:

1601 - Reservatório multifuncional, para a opção com homogeneização em linha de monocombustíveis, ou como opção com homogeneização em linha de misturas de combustíveis (com sistema de re-mistura incorporado no reservatório), ou como opção com homogeneização em linha de emulsões de combustíveis (com sistema de re-mistura incorporado no reservatório); O sistema deve também incluir uma bomba de baixa pressão e todo o equipamento de controlo e monitorização e medição associado;

1602 - Um reservatório multifuncional, destinado a conferir ao dispositivo funções de mistura e homogeneização, em que a mistura de etanol contém etanol, a mistura de metanol contém metanol e as emulsões combustíveis contêm água;

O sistema deve também incluir uma bomba de baixa pressão e todo o equipamento de controlo e monitorização e medição associado; no caso da opção de combustível gaseificado, trata-se do compressor com todo o equipamento de controlo e monitorização e medição associado.

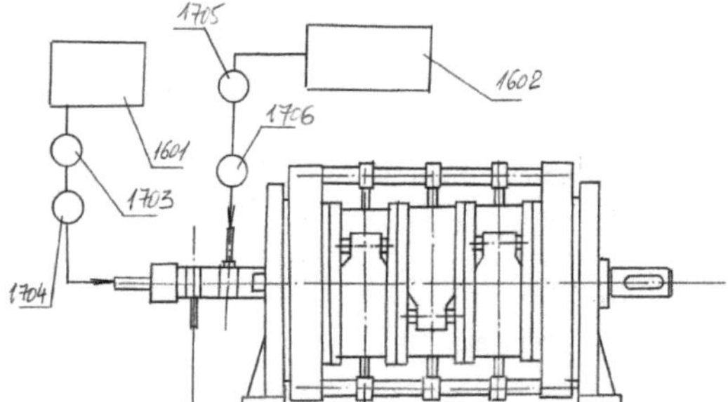

Figura 4 - Motor rotativo de combustão interna com sistema integrado de homogeneização do combustível ou da mistura de combustível, com indicação da interação funcional com o reservatório de combustível líquido e o reservatório de componentes do combustível ou com o compressor de ar comprimido e todos os equipamentos de controlo e monitorização - medição associados.

Os números na figura indicam:

1601 - Reservatório multifuncional, para a opção com homogeneização em linha de monocombustíveis, ou como opção com homogeneização em linha de misturas de combustíveis (com sistema de re-mistura incorporado no reservatório), ou como opção com homogeneização em linha de emulsões de combustíveis (com sistema de re-mistura incorporado no reservatório); O sistema deve também incluir uma bomba de baixa pressão e todo o equipamento de controlo e monitorização e medição associado;

1602 - Um reservatório multifuncional, para a realização das funções de mistura e homogeneização do dispositivo, em que a mistura de etanol contém etanol, a mistura de metanol contém metanol e as emulsões combustíveis contêm água;

1703 - bomba com um sistema de válvulas, válvulas de retenção, manómetros, reguladores de pressão, estabilizadores de pressão, estabilizadores de pulsação e, como versão - electromagnética - sensor de fluxo de ressonância - composição dos componentes da mistura de combustível;

1704 - medidor de caudal com um sistema de válvulas de retenção, manómetros, reguladores de pressão, estabilizadores de pressão, estabilizadores de pulsação e, em versão - electromagnética - sensor de caudal ressonante - composição dos componentes da mistura de combustível;

1705- bomba com um sistema de válvulas, válvulas de retenção, manómetros, reguladores de pressão, estabilizadores de pressão, estabilizadores de pulsação e, como versão - electromagnética - sensor de fluxo ressonante - composição dos componentes da mistura de combustível;

1706 - medidor de caudal com um sistema de válvulas de retenção, manómetros, reguladores de pressão, estabilizadores de pressão, estabilizadores de pulsação e, em versão - electromagnética - sensor de caudal ressonante - composição dos componentes da mistura de combustível;

Todas as tecnologias acima referidas podem ser aplicadas se forem cumpridas algumas condições fundamentais.

Para garantir uma combustão completa e atempada num curto espaço de tempo, o combustível deve cumprir os seguintes requisitos
1) têm uma boa condutividade para assegurar um funcionamento fiável da bomba de combustível de alta pressão (a uma viscosidade óptima de 2-6 mm2/s e a uma temperatura de 20 °C); boas propriedades a baixa temperatura; ausência de impurezas mecânicas e de água;

Uma boa permeabilidade é o fator mais importante que permite a monitorização em linha, sem contacto, de todos os tipos de parâmetros de transporte de líquidos nas condutas, em paralelo com operações de levantamento aéreo ou através de métodos de controlo e monitorização à distância utilizando veículos aéreos não tripulados.

2) proporcionar a atomização necessária, uma boa mistura e vaporização; para este efeito, o combustível deve ter uma viscosidade óptima e uma certa composição fraccionada;

3) ter a inflamabilidade necessária para garantir um arranque fácil de um motor frio, um aumento de pressão suave e uma combustão completa sem fumo (estas

propriedades dependem da composição química e fraccionada do combustível, bem como da viscosidade; a composição química do combustível é avaliada pelo índice de octanas, que caracteriza a inflamabilidade e é o principal indicador das propriedades motoras do combustível);

4) não provocar o aumento da formação de depósitos de carbono e outros depósitos nas válvulas, anéis, pistões, revestimento da agulha do atomizador com coque (a propensão do combustível para a formação de depósitos de carbono depende da composição química e fraccionada, da viscosidade, do teor de impurezas mecânicas e de água);

5) não contêm produtos corrosivos (as propriedades corrosivas dos combustíveis dependem da presença de ácidos minerais e orgânicos, de compostos de enxofre e de água);

6) para ter o maior poder calorífico possível;

7) para ter uma elevada permeabilidade ao combustível com um mínimo de fugas através das folgas nos pares de êmbolos com um desgaste mínimo dos pares de fricção.

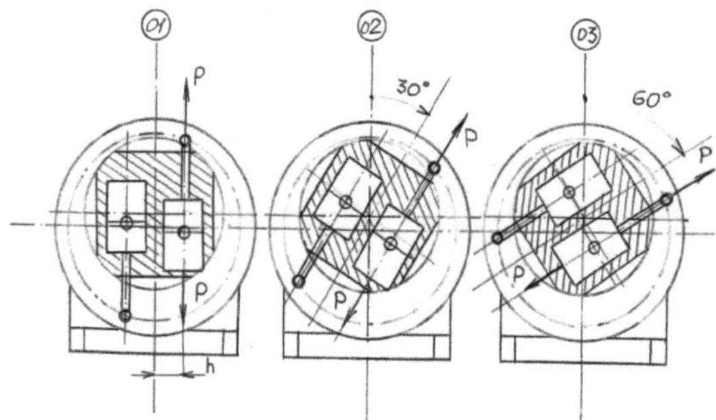

Figura 5, - a figura mostra as três primeiras posições do rotor com cinemática de rotor de grupo pistão cilíndrico a cada 30 graus de rotação do rotor.

Como se pode ver nos diagramas, a presença de excentricidade na instalação do rotor permite excluir as chamadas zonas mortas e, por sua vez, permite obter binário mesmo nos pontos de coincidência da direção da biela do mecanismo manivela-bielas com o eixo vertical ou horizontal, em que nos motores convencionais o binário é nulo.

Agora, se imaginarmos que se trata do motor de uma estação de bombagem ou de um compressor numa conduta principal, é necessário excluir quaisquer flutuações dos líquidos ou misturas controlados, de modo a tornar possível a realização de uma monitorização realista dos parâmetros de fluxo de produtos líquidos na conduta.

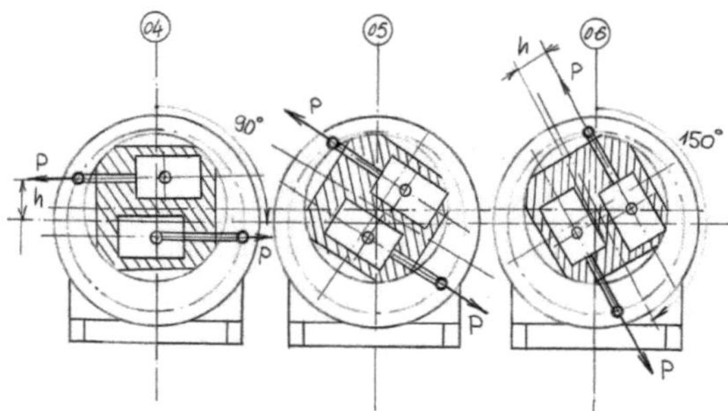

Figura 6 - a figura mostra três posições sucessivas do rotor com grupo cilíndrico - pistão da cinemática do rotor a cada 30 graus de rotação do rotor, de 90 graus de rotação a 150 graus de rotação do rotor.

Como se pode ver nos diagramas, e nas fases subsequentes de rotação, a presença de excentricidade na regulação do rotor permite excluir as chamadas zonas mortas e, por sua vez, permite obter binário mesmo nos pontos de coincidência da direção da biela do mecanismo manivela-bielas com o eixo vertical ou horizontal, em que nos motores convencionais o binário é nulo.

A opção de utilizar combustível gasoso em vez de combustível líquido no motor rotativo é extremamente interessante. Um estudo analítico do desenvolvimento de uma reação química acompanhada de libertação de calor num fluxo laminar de gás e sob mistura intensiva dos produtos da reação com as substâncias iniciais revelou o carácter de histerese das soluções da teoria da combustão; aumentando, por exemplo, a temperatura inicial de um gás combustível, é possível atingir o momento em que o gás se inflamará; mas para extinguir um gás que arde a uma temperatura elevada, é possível utilizar uma solução de histerese. Este exemplo de funcionamento de um reator químico de mistura ideal ilustra também uma propriedade fundamental do processo de combustão - a possibilidade de existência de vários modos estacionários de combustão para os mesmos parâmetros externos. Esta ambiguidade distingue essencialmente os processos estacionários com fornecimento contínuo de substâncias iniciais e retirada de produtos de reação de uma situação de equilíbrio termodinâmico estático.

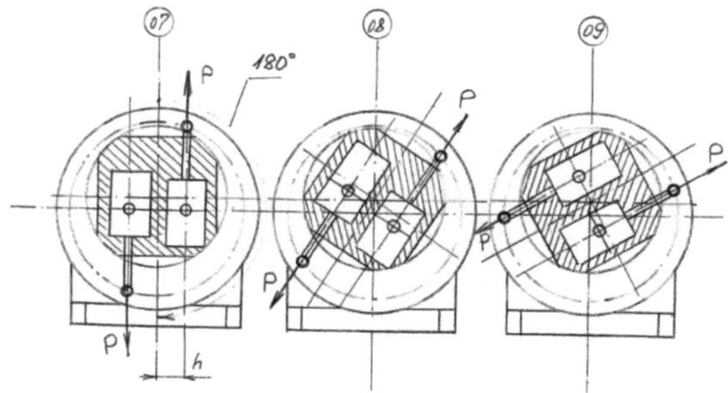

Figura 7 - a figura mostra as três posições seguintes do rotor após 150 graus de posição do rotor com a cinemática do rotor do grupo de êmbolos cilíndricos a cada 30 graus de rotação do rotor, de 180 graus de rotação do rotor a 270 graus de rotação do rotor

Como se pode ver nos diagramas, e nas fases subsequentes de rotação, a presença de excentricidade na regulação do rotor permite excluir as chamadas zonas mortas e, por sua vez, permite obter binário mesmo nos pontos de coincidência da direção da biela do mecanismo manivela-bielas com o eixo vertical ou horizontal, em que nos motores convencionais o binário é nulo.

A estabilidade dos parâmetros hidrodinâmicos ou aerodinâmicos do motor rotativo proposto e as suas caraterísticas infra-estruturais locais abrem novas oportunidades para melhorar a eficiência, principalmente para evitar pulsações de velocidade de geometria incerta. Conforme determinado, as pulsações de velocidade dirigidas através da direção de propagação da combustão causam assimetria da curvatura da frente da chama, contribuem para as suas curvas e para a formação de uma estrutura complexa. A principal tarefa da teoria da combustão turbulenta é o estudo de uma chama turbulenta estacionária em média: num determinado campo de fluxo turbulento, é necessário encontrar a estrutura média temporal da zona de combustão e determinar as suas caraterísticas estatísticas: a velocidade média de combustão, a superfície média da frente de chama, a largura da área ocupada em média pela frente de chama curva e outras caraterísticas. Um papel importante nesta teoria deve ser atribuído aos pontos principais da frente curva - chama laminar, transportados por pulsações turbulentas em direção ao gás combustível, uma vez que asseguram a existência da superfície da chama que os segue e determinam a velocidade média de combustão. A taxa de remoção do ponto de ignição no gás inflamável é determinada principalmente pelas caraterísticas de pulsação do fluxo. Assim, a prevenção de pulsações de velocidade torna-se ainda mais importante.

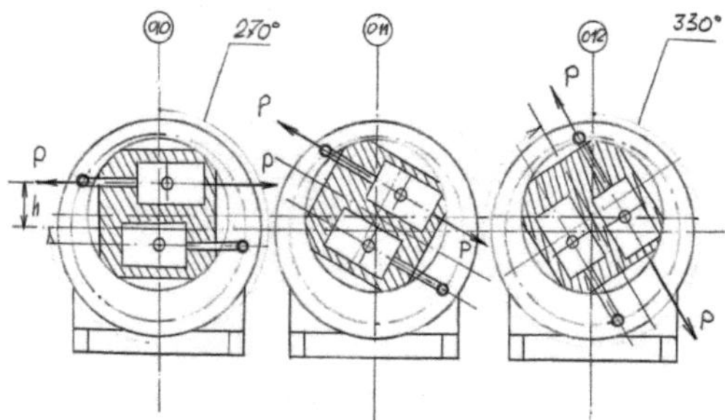

Figura 8 - a figura mostra as três posições seguintes do rotor após 150 graus de posição do rotor com cinemática do rotor do grupo pistão cilíndrico a cada 30 graus de rotação do rotor, de 270 graus de rotação do rotor a 330 graus de rotação do rotor.

Como se pode ver nos diagramas, e nas fases subsequentes de rotação, a presença de excentricidade na regulação do rotor permite excluir as chamadas zonas mortas e, por sua vez, permite obter binário mesmo nos pontos de coincidência da direção da biela do mecanismo manivela-bielas com o eixo vertical ou horizontal, em que nos motores convencionais o binário é nulo.

Anteriormente, pensava-se que o combustível para motores de alta velocidade deveria ter uma viscosidade de, pelo menos, 5 mm2/s a 20 °C. Estudos demonstraram que o combustível com viscosidade até 2 mm2/s a 20 °C permite a lubrificação do equipamento de abastecimento de combustível. A viscosidade mínima depende da pressão de injeção e de outras soluções de conceção. Com o aumento da pressão de injeção, a viscosidade do combustível pode aumentar de 6 a 10 vezes. (A utilização da tecnologia de ativação complexa de misturas de combustível sob a forma de tecnologia complexa de formação de emulsão pelo método água-em-óleo, em que a água é misturada com gasóleo, formando uma emulsão estável, que é depois misturada com bolhas de ar em que a pressão interna nas bolhas é de 10 a 20 bar, permite reduzir quase para metade a pressão necessária, o que reduz a viscosidade da mistura de combustível em 3 a 5 vezes; além disso, uma mistura de 10% de água e 8 a 12% de ar na mesma proporção reduz a viscosidade inicial da mistura de combustível). Com base em investigações e testes operacionais, foram estabelecidos os seguintes valores de viscosidade do combustível a 20°C para motores a diesel de alta velocidade: no verão - 3,0-8,0 mm2/s, no inverno - 2,2-6,0 mm2/s, para o clima severo do Ártico - 1,5-4 mm2/s. A condutividade do combustível também depende das suas propriedades a baixa temperatura, que afectam a mobilidade do combustível a baixas temperaturas. As propriedades a baixa temperatura são determinadas pelas temperaturas de turvação, cristalização e solidificação. O ponto de turvação é a temperatura à qual se perde a homogeneidade das fases do combustível. Torna-se turvo devido à libertação de pequenas gotículas de água, hidrocarbonetos sólidos ou cristais de gelo microscópicos. A temperatura a que aparecem os primeiros cristais visíveis a olho nu é designada por temperatura de cristalização. A temperatura de perda total da mobilidade é designada por temperatura de solidificação. (No caso da tecnologia proposta, a temperatura de solidificação da mistura diminui proporcionalmente à percentagem de água e de ar na mistura e, além disso, o elevado nível de turbulência da mistura contribui igualmente para diminuir a temperatura de solidificação).

As impurezas mecânicas do combustível não são estipuladas pela norma (não autorizadas). O combustível é contaminado se as regras de transporte, armazenamento e reabastecimento não forem respeitadas. O quartzito de alumina é o mais nocivo, pois tem uma dureza elevada. Os pares de bombas de combustível de precisão têm folgas de 1,5-3,0 mícrones, pelo que mesmo uma pequena percentagem de impurezas mecânicas provoca um desgaste abrasivo significativo. (ao utilizar a tecnologia proposta, a entrada de abrasivos na bomba de combustível é excluída, graças a um sistema especial de canais capilares no dispositivo para a ativação complexa do combustível diesel; nestes dispositivos, os canais coaxiais da interface hidrodinâmica têm tamanhos de 25 microns a 100 microns). A água dissolvida está sempre presente no combustível, em maior ou menor grau. A sua concentração depende da temperatura ambiente. A solubilidade da água no combustível é de 10~5 kg/kg. Especialmente desagradável é a presença de água de emulsão a baixas temperaturas. Neste caso, os cristais de gelo entopem o sistema de limpeza e perturbam o funcionamento do motor. A água tem um efeito negativo no equipamento de combustível, especialmente na bomba de alta pressão e nos injectores. Promove a corrosão das superfícies dos pares de precisão e o revestimento dos atomizadores dos injectores com coque.

(na tecnologia proposta a formação de cristais de gelo é impossível e, além disso, a mistura pode ter uma secção especial de aquecimento em linha, que elimina a ocorrência de cristais de gelo, reduz ou elimina completamente a ocorrência de corrosão e a formação de coque nos atomizadores dos bicos). A atomização, mistura e vaporização necessárias do combustível determinam em grande parte o processo de trabalho como um todo, a sua eficiência e economia. Uma porção de combustível medida por uma bomba de alta pressão é injectada na câmara de combustão em ar aquecido denso e fortemente agitado. A alguma distância das aberturas do bocal, o jato divide-se em gotículas, formando uma pluma de combustível atomizado. O número total de gotículas atinge vários milhões e o seu tamanho varia de 50 a 150 microns. A distribuição das gotículas por número e tamanho é muito desigual. A qualidade da atomização do combustível é caracterizada pelo número e dimensão das gotículas, comprimento, largura e ângulo do cone de pulverização.

As gotículas de combustível introduzidas no ar quente não se inflamam instantaneamente. Aquando da ignição, o processo de vaporização é mais intenso devido à elevada temperatura do processo de combustão. Simultaneamente com a aceleração da vaporização, neste momento há um certo abrandamento, porque há produtos de combustão que impedem o fornecimento de oxigénio do ar ao combustível em vaporização. Esta circunstância faz com que seja necessário realizar o processo de trabalho no motor diesel com algum excesso de ar.

(a tecnologia proposta permite assegurar o excesso de ar necessário e a elevada uniformidade da distribuição do ar no volume da mistura de combustível; além disso, o encapsulamento tridimensional da mistura de combustível, quando as cápsulas são esferas com um núcleo de ar e um invólucro de combustível, permite obter, durante a injeção, a vaporização separada das fracções, o que torna possível, quando o ar se expande após a injeção, quebrar os invólucros das cápsulas em partículas na gama submicrónica, o que melhora acentuadamente a eficiência do processo de combustão nos cilindros do motor).A grande heterogeneidade da mistura combustível-ar nas câmaras de combustão é a razão de algumas vantagens e desvantagens dos motores a gasóleo. Uma vantagem importante é o facto de nos motores diesel ser possível reduzir significativamente a mistura de trabalho. Isto permite que a potência de saída varie apenas com o fornecimento de combustível. Por outro lado, a não homogeneidade da mistura é uma desvantagem significativa dos motores diesel, uma vez que não é possível obter uma combustão completa e sem fumo. (a tecnologia proposta permite obter uma elevada homogeneidade da mistura, que pode ser expressa pelo tamanho das bolhas de ar comprimido obtidas durante a ativação - 20 micrómetros). A viscosidade do combustível afecta o processo de mistura, cujo aumento leva à deterioração da atomização e vaporização do combustível. Com uma viscosidade elevada, as gotículas de grandes dimensões aumentam o comprimento da chama e ficam nas paredes, o que piora significativamente o processo de mistura, e com uma viscosidade baixa a chama do combustível é encurtada e a câmara de combustão não é totalmente utilizada. (A tecnologia proposta permite obter tamanhos de partículas de 3 a 5 microns, o que aumenta a plenitude da combustão; a viscosidade da mistura é reduzida proporcionalmente à percentagem de impurezas e a mistura é formada utilizando as vantagens energéticas do efeito Bernoulli, o que melhora o processo. A composição fraccionada dos combustíveis diesel é estimada pela temperatura final de ebulição: verão - 360 °C, inverno - 340 °C, Ártico - 330 °C. Os complexos processos de combustão e mistura de combustível nos motores de alta velocidade ocorrem num período de tempo muito curto, cerca de 10 vezes mais rápido do que nos motores com carburador, à mesma velocidade. A intensidade da combustão depende de muitos factores: pressão e temperatura do ar comprimido, concentração de vapores de combustível no ar, composição química, qualidade da atomização e vaporização do combustível. Se a ignição do combustível for retardada, o processo de combustão subsequente é muito intenso. Ouve-se uma batida caraterística do motor (semelhante à detonação, mas as causas são diferentes).

Em igualdade de circunstâncias, um período mais curto de retardamento da ignição resulta em alterações de pressão mais suaves, ou seja, num funcionamento mais suave do motor. No entanto, um encurtamento excessivo deste período leva a uma redução da plenitude da combustão. O processo inicia-se imediatamente após a alimentação do combustível, a maior parte do qual é introduzida nos produtos de combustão. As gotículas de combustível vaporizam rapidamente antes de atingirem as zonas da câmara onde o oxigénio ainda não foi utilizado. Para garantir um processo de combustão normal, é necessário utilizar combustível com um período de atraso de ignição ótimo. A inflamabilidade de um combustível é avaliada pelo seu índice de octanas. Numericamente, o índice de octano do gasóleo é igual ao teor percentual (em volume) de octano na mistura com o alfa-metil-naftaleno, que pela natureza da combustão (auto-ignição) é igual ao combustível testado. O índice de octano é determinado por três métodos: taxa de compressão crítica, atraso de auto-ignição e coincidência de flash.

Os combustíveis diesel devem ter um índice de octanas entre 45-50 no inverno e 40-45 no verão. O índice de octanas determina as propriedades de arranque dos combustíveis diesel que diferem ligeiramente na composição fraccionada.

No funcionamento dos motores diesel, é muito importante definir o ângulo de avanço ideal da injeção de combustível. Se o ângulo de avanço for grande, o combustível é introduzido no ar insuficientemente aquecido, o que aumenta o período de atraso da ignição e a rigidez do funcionamento. O combustível pode queimar até ao ponto morto superior, o que resulta numa perda de potência devido à criação de contrapressão. Com a injeção retardada, uma parte significativa do combustível queima na linha de expansão, provocando uma diminuição da potência, uma combustão incompleta e uma redução da eficiência do motor.

A incrustação de carbono nos motores diesel de alta velocidade conduz ao sobreaquecimento do motor, ao revestimento de coque dos injectores e à deterioração da atomização do combustível. A combustão incompleta do combustível, a presença de substâncias complexas de elevado peso molecular e as impurezas mecânicas no combustível contribuem para o aumento da acumulação de fuligem. A acumulação de substâncias resinosas é significativamente afetada pela estabilidade do combustível. Os indicadores de qualidade do combustível para motores diesel que afectam a formação de fuligem e que são normalizados pelas normas são os seguintes: número de coque, teor de alcatrão, cinzas, impurezas mecânicas e compostos de enxofre. O enxofre contido no combustível afecta não só a massa do negro de fumo formado, mas também as suas propriedades. Os compostos de enxofre, que se acumulam na fuligem, aumentam a sua densidade.

As propriedades corrosivas dos combustíveis diesel são determinadas pelo teor de compostos de enxofre, ácidos solúveis em água e álcalis, bem como água. A presença de compostos de enxofre no combustível é verificada com uma placa de cobre eletrolítico polido de 10×25 mm. Esta placa é introduzida numa taça de porcelana com combustível, que é colocada num armário de secagem a uma temperatura de 50 °C e aí mantida durante 2-3 horas. O aparecimento de depósitos castanhos escuros, cinzentos ou pretos na placa indica a presença de compostos de enxofre activos no combustível. A corrosão das peças é causada principalmente por compostos de enxofre. A corrosão líquida é especialmente forte na estação fria, durante os modos de arranque. O aumento do teor de enxofre no combustível de 0,2 para 0,5% aumenta o desgaste do grupo de pistões do cilindro em 25-30%, até 1% - 2 vezes. Para reduzir a corrosão causada pelo enxofre, são adicionados aditivos ao combustível. O mais comum é o naftenato de zinco, que é adicionado ao combustível (0,25-0,30% da massa de combustível). (a tecnologia proposta elimina completamente a presença de compostos de enxofre na mistura e, se necessário, permite aumentar a temperatura da mistura, o que reduz a corrosão das peças do motor a gasóleo em 80-85%).

O poder calorífico do gasóleo é de 42.705 kJ/kg.

Aspectos dos fenómenos de corrosão e dos processos de corrosão em elementos estruturais de motores diesel que utilizam uma mistura de combustível em que o gasóleo é misturado com ar comprimido. Quando o gasóleo é misturado com ar comprimido, sem água, os processos de corrosão são excluídos da mesma forma que no caso anterior; (a tecnologia proposta tem duas versões principais; a primeira versão é a mistura intensiva de gasóleo com água e a subsequente mistura homogénea e uniforme da mistura de gasóleo e água com ar comprimido; após a mistura com ar comprimido, a mistura tem bolhas de ar com um diâmetro de 20 micrómetros e uma pressão interna de 20 bar; cada bolha tem um invólucro de 20 micrómetros de espessura constituído por uma emulsão de 92% de gasóleo e 8% de água; após a injeção na câmara de combustão, a mistura é atomizada em partículas de 3 a 5 micrómetros de tamanho, e o gasóleo e o oxidante representam um meio em que o elemento orgânico combustível está distribuído uniformemente entre o oxidante, o que favorece a ignição a temperaturas mais baixas e cria um índice de octano equivalente de 45 a 50;

A segunda versão da tecnologia consiste na mistura de apenas gasóleo com ar comprimido e, embora as condições da primeira versão da tecnologia sejam mantidas, a ignição da mistura de combustível e o índice de octanas equivalente mantêm qualidades semelhantes às da primeira versão;)

É bem sabido que tanto o etanol como o metanol introduzem água na mistura após a mistura - mais o etanol, menos o metanol, mas a sua presença não pode ser ignorada e, por conseguinte, a produção de emulsões torna-se um processo extremamente importante.

LISTA DE LITERATURA UTILIZADA, PATENTES E LICENÇAS

Anexo 1

Pedido de patente dos Estados Unidos 20140318123 Código de tipo A1 Cruz; Jose Lopez30 de outubro de 2014

MOTOR DE COMBUSTÃO INTERNA ROTATIVO

Resumo

Um **motor rotativo** de acordo com a presente invenção compreende um conjunto de carcaça principal e um conjunto de rotor rotacionalmente suportado dentro da carcaça. O conjunto do rotor tem dois rotores, um rotor de admissão/compressão disposto de forma rotativa na carcaça de admissão/compressão e um rotor de potência/escape disposto de forma rotativa na carcaça de potência/escape. Os rotores têm um número N de vértices e lados, em que N é um número inteiro superior a 2. Entre cada lado do rotor e a parede interna da respectiva carcaça forma-se uma câmara de rotação. As fases do ciclo termodinâmico do **motor** ocorrem no interior destas câmaras. Por exemplo, se os rotores tiverem três lados, os rotores terão uma forma triangular com três vértices. Os vértices formam a parte radial mais exterior dos rotores, que encostam à parede interior do respetivo furo da caixa. Cada uma destas câmaras é dividida em duas câmaras divididas por uma palheta recíproca, formando assim 2 vezes N câmaras divididas em cada um dos respectivos furos da caixa.

Anexo 2

Pedido de patente dos Estados Unidos 20150152781 Código de tipo A1 Oledzki; Wieslaw JulianJunho 4, 2015

Motor *rotativo* ***de combustão*** *interna a dois tempos, em especial* ***motor*** *de potência muito elevada e velocidade muito elevada alimentado por combustível sólido particulado, como poeiras de carvão, destinado à produção de eletricidade*

Resumo

Motor rotativo de deslocamento positivo de **combustão** interna a dois tempos com apenas uma peça móvel principal, ou seja, o veio excêntrico **do motor**, com cilindros que englobam os excêntricos do veio, estando os referidos excêntricos adequadamente selados nos referidos cilindros, em que os gases **de combustão** exercem força diretamente nos referidos excêntricos do veio excêntrico. As forças dos gases podem ser anuladas através de um faseamento adequado dos excêntricos do veio, anulando assim as forças dos gases que carregam as chumaceiras do veio. **O motor** é naturalmente perfeitamente equilibrado. O **motor** possui uma capacidade natural de auto-limpeza e pode ser alimentado com pó de carvão. Podem ser construídas unidades do tipo que desenvolvem 2 000 MW e 3 000-3 6000 rotações/minuto, destinadas a substituir as turbinas a vapor nas centrais eléctricas.

Anexo 3

Pedido de patente dos Estados Unidos20180066520 Código de tipoA1 Shkolnik; Alexander ; et al. 8 de março de 2018

***Motor** rotativo*

Resumo

Um **motor rotativo** inclui uma porta de admissão, uma porta de escape, um rotor com um canal de admissão e/ou um canal de escape e um eixo do rotor acoplado ao rotor. O eixo do rotor tem um canal de entrada em comunicação com o canal de admissão e/ou um canal de saída em comunicação com o canal de escape. O motor rotativo inclui uma carcaça com uma câmara de trabalho formada entre a carcaça e o rotor, a câmara de trabalho configurada para lidar, em sucessão, com uma fase de admissão, uma fase de compressão, uma fase **de combustão**, uma fase de expansão e uma fase de escape. O canal de entrada comunica ciclicamente com a porta de entrada e forma uma passagem entre a porta de entrada e a câmara de trabalho através do eixo do rotor e do canal de entrada. O canal de saída comunica ciclicamente com a porta de escape e forma uma passagem entre a porta de escape e a câmara de trabalho através do eixo do rotor e do canal de escape.

Anexo 4

Pedido de patente dos Estados Unidos 20160341042 Código de tipo A1 Shkolnik; Alexander ; et al. 24 de novembro de 2016

***Motor** rotativo*

Resumo

Um **motor rotativo** inclui uma carcaça com uma cavidade de trabalho, um eixo, o eixo com uma porção excêntrica, um rotor com uma primeira face axial e uma segunda face axial oposta à primeira face axial, o rotor disposto na porção excêntrica e dentro da cavidade de trabalho, o rotor compreendendo uma primeira came na primeira face axial, a primeira came tem uma excentricidade correspondente à excentricidade da parte excêntrica do veio, e uma tampa integrada ou fixamente ligada à caixa, a tampa inclui uma pluralidade de rolos, cada rolo engatado na came, em que a came orienta a rotação do rotor à medida que este roda dentro da cavidade de trabalho e orbita em torno do veio.

Anexo 5

Pedido de patente dos Estados Unidos 20180010456 Código de tipo A1 GAUVREAU; Jean-Gabriel ; et al.11 de janeiro de 2018

***MOTOR DE COMBUSTÃO** INTERNA COM ROTOR DE SUPERFÍCIE PERIFÉRICA DESLOCADA*

Resumo

Um **motor rotativo** em que a cavidade do rotor tem uma superfície interna periférica com uma configuração peritrocóide definida por uma primeira excentricidade e o rotor tem uma superfície externa periférica com uma configuração de envelope interno peritrocóide definida por uma segunda excentricidade maior do que a primeira excentricidade. Além disso, um **motor rotativo** em que a cavidade do rotor tem uma superfície interior periférica com uma configuração peritrocóide definida por uma excentricidade e um rotor com uma superfície exterior periférica entre as porções adjacentes do vértice deslocada para o interior a partir de uma configuração de envelope interior peritrocóide definida pela excentricidade. **O motor** pode ter um rácio de expansão com um valor de, no máximo, 8. O **motor rotativo** pode fazer parte de um sistema de **motor** composto.

Anexo 6

Pedido de patente dos Estados Unidos 20160222840 Código de tipo A1 Vaseleniuck; Darrick ; et al. 4 de agosto de 2016

APARELHO MODULAR DE VÁLVULA ROTATIVA

Resumo

Um aparelho modular de válvula **rotativa** inclui: uma pluralidade de corpos de válvula separados, acoplados uns aos outros e dispostos de ponta a ponta ao longo de um eixo, de modo a definir um veio de válvula, tendo cada corpo de válvula uma superfície periférica anular que se estende entre as faces de extremidade dianteira e traseira, e uma abertura que se estende transversalmente através dela, comunicando com a superfície periférica em lados opostos.

Anexo 7

Pedido de patente dos Estados Unidos 20160160751 Código de tipo A1
Koch; RandyJunho 9, 2016

Motor de combustão *interna rotativo*

Resumo

Um **motor de combustão** interna **rotativo** inclui uma câmara de compressão arqueada, uma câmara de expansão arqueada, um eixo de saída e um pistão acoplado ao eixo de saída para se mover através da câmara de compressão arqueada e da câmara de expansão arqueada. O pistão tem uma extremidade dianteira, uma extremidade traseira, uma válvula de entrada situada na extremidade dianteira do pistão para receber um fluido compressível da câmara de compressão e uma válvula de saída situada na extremidade traseira do pistão para expulsar um gás **de combustão** para a câmara de expansão arqueada.

Anexo 8

Pedido de patente dos Estados Unidos 20160273446 Código de tipo A1 LARSON; GERALD L. 22 de setembro de 2016.

__MOTOR__ ROTARY

Resumo

Um **motor rotativo** tem um rotor e um estator de forma circular. O rotor tem uma câmara de expansão para **combustão** e o estator tem uma porta de direção de impulso que passa por uma passagem através da face do estator para, alternativamente, andar ao longo da face do rotor ou andar dentro da câmara de expansão do rotor. As passagens através do estator e radialmente perto da porta do diretor de impulso permitem a passagem de ar, combustível e uma fonte de ignição através do estator, permitindo a ignição e a expansão do combustível dentro da câmara de expansão. O diretor de impulso permite que o impulso seja aplicado ao rotor para rodar o rotor. Um coletor de escape, também passando pelo estator, e também alinhado radialmente com a câmara de expansão, permite que os gases de escape da **combustão** sejam libertados da câmara de expansão à medida que o rotor roda a câmara de expansão adjacente ao coletor de escape.

Anexo 9

Pedido de patente dos Estados Unidos 20150101557 Código de tipo A1 Reisser; Heinz-Gustav A. 16 de abril de 2015

***MOTOR DE COMBUSTÃO** INTERNA DE PISTÃO ROTATIVO*

Resumo

Um motor de combustão interna, e mais particularmente um **motor de combustão** interna **rotativo, é fornecido com o referido motor** tendo múltiplas câmaras **de combustão** delimitadas por cabeças de pistão e uma parede da carcaça do **motor** que define pelo menos uma secção de um toro. Adicionalmente, é descrito um método de funcionamento do **motor de combustão** interna.

Printed by Books on Demand GmbH, Norderstedt / Germany